BEI GRIN MACHT SICH IHR WISSEN BEZAHLT

- Wir veröffentlichen Ihre Hausarbeit,
  Bachelor- und Masterarbeit

- Ihr eigenes eBook und Buch -
  weltweit in allen wichtigen Shops

- Verdienen Sie an jedem Verkauf

Jetzt bei www.GRIN.com hochladen
und kostenlos publizieren

Matthias Domke

Steigerung von Sachkompetenz und Schülermotivation im Anfangsunterricht Optik durch den Einsatz eines WebQuests

GRIN Verlag

Bibliografische Information der Deutschen Nationalbibliothek:

Die Deutsche Bibliothek verzeichnet diese Publikation in der Deutschen National-
bibliografie; detaillierte bibliografische Daten sind im Internet über http://dnb.d-
nb.de/ abrufbar.

Impressum:

Copyright © 2012 GRIN Verlag GmbH
Druck und Bindung: Books on Demand GmbH, Norderstedt Germany
ISBN: 978-3-656-26766-9

Dieses Buch bei GRIN:

http://www.grin.com/de/e-book/200640/steigerung-von-sachkompetenz-und-
schuelermotivation-im-anfangsunterricht

Institut für Qualitätsentwicklung an Schulen in Schleswig-Holstein

Hausarbeit
zur Zweiten Staatsprüfung
für das Lehramt an Realschulen
in Schleswig-Holstein

Steigerung von Sachkompetenz und Schülermotivation im Anfangsunterricht Optik durch den Einsatz eines WebQuests

vorgelegt von: Matthias Domke (Lehrkraft im Vorbereitungsdienst)
Fach: Physik
Ausbildungsschule: Käte-Lassen-Schule, Gemeinschaftsschule der Stadt Flensburg

Datum: Flensburg, 07.07.2012

Inhaltsverzeichnis

1. Einleitung

Gegenstand der vorliegenden Hausarbeit zur Zweiten Staatsprüfung ist der Einsatz eines WebQuests im Anfangsunterricht Physik in der 7.Klasse. Durch die Methodenuntersuchung soll herausgefunden werden, ob sich ein WebQuest dazu eignet, häufiger zur Erschließung von Inhalten im theoretischen Teil des Unterrichts eingesetzt zu werden.

Zu Beginn der Hausarbeit wird der Auslöser für die Themenbildung geschildert: eine Unterrichtsbeobachtung, die ein Problem ersichtlich machte. Diese Problemstellung führte zur Formulierung der Zielsetzung für die Unterrichtseinheit. Es ergaben sich zwei Leitfragen, die zugleich die Untersuchungsschwerpunkte der Arbeit festlegten: (I) die nach dem Lernzuwachs durch das WebQuest und (II) die nach der Steigerung der Schülermotivation durch die Methode. Die Lösung für das zu Beginn der Hausarbeit geschilderte Problem und die Motivation für die Erhebung, werden durch Bezugnahme auf ein Wahlmodul im Fachbereich Physik, auf die Ausbildungsstandards sowie auf die fachspezifischen Ausbildungsstandards erläutert. Im Folgenden werden die Evaluierungsverfahren beschrieben, die Antworten auf die zwei Leitfragen liefern sollen. Der Praxisbezug besteht aus der Lerngruppenanalyse und der Vermittlung theoretischer Grundlagen. Hier wird daher auch die Konzeption des WebQuests dargestellt und seine Bedeutung für die Hausarbeit geschildert. Weiterhin werden in dem Bereich der Unterrichtsplanung didaktische und methodische Überlegungen begründet dargelegt und eine tabellarische Übersicht über das Unterrichtsvorhaben geliefert. Die Evaluation des Unterrichtsgeschehens, die zur Beantwortung der zwei Leitfragen führen soll, bildet gemeinsam mit deren Reflexion und den daraus entstehenden Schlussfolgerungen für den kommenden Unterricht den dritten Teil der Arbeit. Den Abschluss bildet ein persönliches Fazit.

1.1 Problemstellung

„Gucken wir schon wieder einen Film?" oder „Können wir nicht im Internet danach suchen?", sind die häufigsten Schülerfragen, die ich in meinem ersten Ausbildungsjahr gehört habe, wenn es darum ging, theoretische Inhalte außerhalb der Experimentierphasen zu vermitteln. Die Schüler[1] der heutigen Zeit sind es gewohnt, ihre Informationen aus dem Internet zu beziehen, weil sie dort immer verfügbar sind. Das Abspielen eines Films nimmt in seiner Bedeutung bei den Schülern dagegen zunehmend ab. Sie verbinden diese Art der Wissensvermittlung mit der „Beschäftigungstherapie" vieler Vertretungsstunden. Wie aber begegnet man diesem Zwiespalt aus Überflutung der Informationen im „Wunschmedium" Internet und der Notwendigkeit, auch theoretische Inhalte vermitteln zu müssen? Zu diesem Zweck habe ich die siebte Klasse, die auch Gegenstand dieser Hausarbeit ist, in einem vorherigen Themenbereich ein Referat eigenverantwortlich vorbereiten lassen. Neben dem klassischen Medium „Buch" habe ich ihnen innerhalb meines Unterrichts auch die Möglichkeit der Internetrecherche angeboten. Es überrascht wenig, dass das Internet ohne Ausnahme als Medium genutzt wurde. Doch sowohl die Präsentationen als auch die anschließende Evaluation der Unterrichtseinheit ließen Eines deutlich zu Tage treten: Die Schüler sind mit der Informationsflut heillos überfordert, filtern dadurch teilweise die falschen oder unvollständige Ergebnisse heraus, die sich je nach Gruppe auch noch deutlich unterscheiden und verlieren mit zunehmender Zeit die Motivation, an ihrem Referat zu arbeiten. Die Schüler meldeten daher zurück, dass sie zwar gerne weiter mit dem Computer arbeiten würden, mit einer solchen „einfachen" Recherche im Internet aber nicht zurechtkommen. Gleichzeitig zu dieser Unterrichtseinheit las ich einen Vortrag eines Professors für Chemie an der Universität Frankfurt am Main.[2] Dieser wies Statistiken auf, die angaben, dass im Physikunterricht 12,8% der Lehrkräfte den Computer mehrmals im Monat nutzen. Dieser Umstand machte mich neugierig, eine Möglichkeit des sinnvollen und kompetenzerweiternden Einsatzes des Computers beziehungsweise des Internets zu finden, um so dem Hauptmedium der Schüler gerecht zu werden und gleichzeitig

---

[1] Im Folgenden werden auf Grund der besseren Lesbarkeit die geschlechtsneutrale Form „Schüler" oder alternativ der Begriff „Lernende" verwendet.

[2] Bader, Prof. Dr. Hans Joachim, Silke Weiß. Ansätze zur Verbesserung der Medienkompetenz von Chemielehrkräften. Universität Frankfurt/Main. 2007

einen Weg zu finden, meinen Unterricht in theoretischen Phasen motivierend und schüler-
zentriert zu gestalten. Wie im Weiteren beschreiben bot sich mir die Möglichkeit, eine solche
Gelegenheit im Rahmen eines Wahlmoduls kennenzulernen.

1.2 Bezug der Unterrichtsreihe zum gewählten Modul

Diese Arbeit nimmt Bezug auf das Wahlmodul W-RS-PHY-0007 „WebQuests mit Homepage-
baukästen – Onlinearrangements für den Physikunterricht in der Sek I" vom 21.12.2011. Der
Inhalt des Moduls umfasste neben den grundlegenden Fragen, was ein WebQuest überhaupt
ist und wie es funktioniert, ebenfalls die Frage der geeigneten Einsatzformen und Möglichkeiten eines WebQuests. Bei der WebQuest-Methode handelt es sich um ein computer- und in-
ternetbasiertes didaktisches Modell, welches dazu dienen soll, in der Schule *„sinnvoll mit PC
und Internet zu arbeiten".[3]* Entwickelt wurde die Grundidee des WebQuests 1995 von dem
Amerikaner Bernie Dodge und dem Australier Tom March, welche *„von einer einfachen und
transparenten didaktischen Struktur (...) [ausgehen], in deren Rahmen Unterrichtsaktivitäten
geplant werden."[4]*.
Das gesamte Modul war neben kurzen theoretischen Teilen zur Entwicklung der „WebQuest-
Methode" sehr praxisorientiert angelegt und bot mir die Möglichkeit, bereits selbst erste Erfahrungen im Aufbau und Umgang mit einem WebQuest zu sammeln. Die dabei gewonnenen
Erkenntnisse ließen sofort den Gedanken in mir reifen, diese Methode in meinen Unterricht
einfließen lassen zu wollen und eine der Unterrichtseinheiten mit einem WebQuest zum Gegenstand meiner Hausarbeit zu machen, um die Eignung und Wirkung auf die Schüler ge-
nauer untersuchen zu können. Besonders reizvoll erschien mir die Möglichkeit, mithilfe eines
WebQuests die Schüler gerade im theoretischen Teilen meines Unterrichts durch die „digitale" Stationsarbeit in einem ihnen sehr vertrauten Medium, dem Internet, zu motivieren und
ihnen zu mehr Eigenverantwortlichkeit zu verhelfen.

1.3 Bezug zum Lehrplan und zu den Bildungsstandards

Der Lehrplan (LP) für die Sekundarstufe I der weiterführenden allgemeinbildenden Schulen
des Landes Schleswig-Holstein sieht den Themenbereich 3 *„Sehen und gesehen werden"* für
die Klassenstufen 7 verbindlich vor[5]. Innerhalb dieses gesamten Themenbereiches ordnet
sich der Teilbereich „Licht fällt auf Körper" ein, dessen Schwerpunkt auf den Phänomenen
Reflexion und Absorption liegt. *„Die verschiedenen Phänomene sollen bevorzugt in einem
einheitlichen Kontext behandelt werden. Empfohlen wird, Situationen im Zusammenhang mit
der Sicherheit im Straßenverkehr auszuwählen."[6]*
Hier lassen sich auch die Unterrichtseinheit und das Thema des WebQuests problemlos ein-
ordnen. Hinsichtlich des fachlichen Beitrages zur Vermittlung von Kompetenzen werden im
Lehrplan die vier Bereiche Sach-, Methoden-, Selbst- und Sozialkompetenz angeführt. Im
Rahmen dieser Unterrichtseinheit finden, neben anderen, die folgenden Aspekte besondere
Berücksichtigung: Die Schüler sollen durch die Arbeit mit dem WebQuest ihre Sachkompetenz auf dem Gebiet der Reflexion und Absorption ausbauen[7], indem sie sich an Beispielen
aus dem Alltag Wissen über die Vorteile durch Reflexion bedingter Hilfsmittel bewusst werden
und die Gefahren des Tragens dunkler Kleidung als Beispiel der Absorption erkennen (LP1)
und so dazu befähigt werden, verantwortungsvoller und sicherer mit den Situationen des
Straßenverkehrs umzugehen. Zudem erweitern die Schüler ihre Sozialkompetenz, indem sie
in Teams arbeiten[8] (LP2) und dabei gemeinsame Absprachen bezüglich der Organisation des
Arbeitsprozesses treffen. Hierzu gehört vor allem, den zeitlichen Rahmen und das Aufgaben-
pensum realistisch ein- bzw. aufzuteilen und als Einzelner Verantwortung für den Arbeitspro-

---

[3] vgl. www.webquests.de
[4] vgl.: Moser, Heinz: Abenteuer Internet – Lernen mit WebQuests. 2000, S.7
[5] vgl. Ministerium für Bildung, Wissenschaft, Forschung und Kultur des Landes SH: Lehrplan Physik für die Sekundarstufe1
   der weiterführenden Schulen Hauptschule, Realschule, Gymnasium, (1997) , S. 51
[6] ebd. S.52
[7] ebd. S.17
[8] ebd. S.18

zess zu übernehmen.[9] (LP3) Neben der Erweiterung der Sach- und Sozialkompetenz ist gerade beim ersten Kontakt mit einem WebQuest die Förderung der Methodenkompetenz zu nennen. Die Schüler bauen dabei ihr Methodenspektrum um eine weitere Möglichkeit des Arbeitens im Physikunterricht aus, indem sie das bekannte Arbeiten am „Lernbuffet" auf die Arbeit mit dem WebQuest übertragen. (LP4)

Auf Grund des engen Rahmens dieser Hausarbeit liegt der Schwerpunkt, der sich auch in den Leitfragen widerspiegelt, vor allem auf der Bewertung der Sachkompetenzerweiterung im Zusammenhang mit der Methode. Dennoch soll auf die weiteren beschriebenen Kompetenzen ebenfalls kurz eingegangen werden.

Neben dem Lehrplanbezug sollte Unterricht immer auch unter Berücksichtigung der fachspezifischen Bildungsstandards geplant werden, die sich in folgende vier Bereiche gliedern: Fachwissen, Erkenntnisgewinnung, Kommunikation und Bewertung. Bei der Arbeit am WebQuest „Reflexion und Absorption" liegen die Schwerpunkte auf den Kompetenzbereichen Fachwissen **(F)** und Kommunikation **(K)**. Die Schüler verfügen bereits über ein strukturiertes Basiswissen und geben im Laufe der Einheit einfache Gesetzmäßigkeiten, z.B. das Reflexionsgesetz, wieder **(F2)**. Um die an sie gestellten Aufgaben zu lösen, wenden die Schüler diese Kenntnisse zur Lösung der dargestellten Probleme/Aufgaben an **(F3)**. Während der gesamten Arbeit tauschen sich die Schüler in ihren Teams über die physikalischen Erkenntnisse der vorangegangenen Stunden aus und bedienen sich dabei zunehmend der Bildungssprache, im Idealfall der Fachsprache **(K1)**. Am Ende jeder Aufgabe dokumentieren die Schüler ihre Ergebnisse **(K5)** und präsentieren am Ende des Arbeitsprozesses eine Aufgabe adressatengerecht der Gesamtgruppe **(K6)**.

1.4 Bezug zu den allgemeinen und fachspezifischen Ausbildungsstandards

Den Orientierungsrahmen für Hausarbeiten bilden die allgemeinen und fachspezifischen Ausbildungsstandards.[10] Durch die Hausarbeit werden eine Vielzahl von allgemeinen Ausbildungsstandards (A) aus allen fünf Bereichen und fachspezifischen Ausbildungsstandards (FA) abgedeckt.

So wurde der Unterricht im Kontext einer Unterrichtseinheit „Licht fällt auf Körper" (A I.2) unter Berücksichtigung des Lehrplans Physik (A I.1/FA 2)[11] mittelfristig geplant und nach gründlicher Recherche sachlich und fachlich korrekt durchgeführt. (A I.3/FA 3). Die Einheit wurde durch eingebundene Hilfen und verschiedenartige Medien (A I.11) innerhalb des WebQuests den verschiedenen Voraussetzungen und Kompetenzen der Schüler gerecht und so entwickelt, dass jeder Schüler gemäß seiner Fähigkeiten in der Lage war, die gestellten Aufgaben zu bearbeiten (A I.7). Die Selbstständigkeit der Schüler wird durch die schüleraktivierende Unterrichtsform des WebQuests und durch die Lern- und Arbeitsstrategie bei der Vorbereitung der Präsentation gefördert (A I.5). Während des gesamten Unterrichts und durch die Möglichkeit des Email-Kontakts auch darüber hinaus, stand ich den Schüler bezüglich ihres Aufgaben- und Zeitmanagements beratend zur Seite. (A III.23). Darüber hinaus sendeten die Schüler mir ihre Ergebnisse zu den einzelnen Aufgaben zu, wodurch ich sofort erkennen konnte, ob es Verständnisschwierigkeiten und Fehlvorstellungen zu unterrichtsrelevanten physikalischen Eigenschaften von Reflexion und Absorption gab (FA 11). Sie trugen dabei die Verantwortung für ihren eigenen Lernprozess (A V.30) und bearbeiteten die an sie gestellten Aufgaben in Partnerarbeit (A V.31). Durch das für die Schüler aus dem Physikunterricht bekannte Helfersystem gewährleiste ich spezifische Handlungsoptionen zur Gestaltung der Lernumgebung mit hoher Schülerselbstständigkeit. (FA 10). Mit einer fachspezifischen Lernstandsanalyse zu Beginn und am Ende der Unterrichtseinheit, Lehrerbeobachtungen während der Einheit und einer Präsentation ausgewählter Aufgaben durch die Schüler zum Abschluss der Arbeit wurde die Kompetenzentwicklung der Schüler mit verschiedenen Verfah-

---

[9] ebd. S.18
[10] IQSH: Der Vorbereitungsdienst in Schleswig-Holstein Ausbildung, Prüfung. (2011) S.5 ff. und IQSH: Grundlagen zur Ausbildung. Ausbildungsstandards. Ergänzungen für Fächer und Fachrichtungen, Themen der Module. Erprobungsfassung, Kronshagen (2004) S.35
[11] vgl. Lehrplan Physik S.52

ren dokumentiert (A I.8). Die Bewertungskriterien für die Präsentation wurden auf der Website transparent dargestellt (A I.12) und von den Schüler und der Lehrkraft kritisch reflektiert (A I.14). Aus den Ergebnissen der Kompetenzentwicklung und dem Feedback zur Methode lassen sich Rückschlüsse auf Konsequenzen zu dieser Unterrichtseinheit und dem weiteren Arbeiten mit dieser Methode ziehen. (A IV.25).

1.5 Leitfragen und Zielvorstellungen

Der Konzeption dieser Hausarbeit liegen folgende Leitfragen zu Grunde:

Leitfrage I
Inwiefern ist der Einsatz eines WebQuests im Physikunterricht für Schüler geeignet, um Sachkompetenz zu erwerben?

Leitfrage II
Inwiefern lässt sich durch den Einsatz eines WebQuests die Motivation der Schüler, sich eigenständig ein Thema zu erarbeiten, verstärken und erhalten?

(I) Das Ziel der Unterrichtseinheit liegt zum einen im Erwerb von physikalischem Fachwissen in Bezug auf Reflexion und Absorption und der daraus folgenden Eignung eines WebQuests für den Physikunterricht. Der Untersuchungsgegenstand zur ersten Leitfrage ist somit die Sachkompetenz der Lernenden, wenngleich verschiedene weitere Kompetenzen mit dieser Unterrichtseinheit ebenfalls geschult werden. Die Evaluation der Sachkompetenzerweiterung erfolgt durch eine Wissensstandserhebung zu Beginn und am Ende der WebQuest-Arbeit. Zusätzlich steht eine Ergebnispräsentation einer ausgewählten Aufgabe als Gradmesser bereit. Neben der Evaluation der Sachkompetenzerweiterung soll auch die Bewusstheit der Schüler für diese Erweiterung beleuchtet werden. Dazu erhielten die Schüler direkt im Anschluss an den Prä- und Posttest einen Selbsteinschätzungsbogen, in dem sie ihr Wissen bezüglich der gestellten Fragen einschätzen sollten.
Ich erwarte, dass sich die Sachkompetenz der Schüler in diesen Bereichen des Themengebiets Reflexion und Absorption erheblich verbessert und die Schüler ihren Lernzuwachs am Ende der WebQuest-Arbeit selbst einschätzen können. Ein Wissensfundament wird insoweit vorhanden sein, wie die Schüler sich bereits im Vorwege des WebQuests mit den Grundzügen des Reflexionsgesetzes und dem Phänomen Absorption in ausgewählten Experimenten befasst haben. Ich erwarte jedoch nicht, dass die Schüler am Ende der Arbeit mit dem WebQuest ein vollständiges Wissen um die Reflexion und Absorption haben, da es sich um den Anfangsunterricht Physik handelt und ich den Fokus dieser beiden Themenbereiche daher auf die Verkehrssicherheit gelegt habe. Andere Bereiche zur Anwendung der Reflexion habe ich bewusst ausgegrenzt.

(II) Ziel der Unterrichtseinheit liegt zum anderen auf der Untersuchung, inwiefern sich die Motivation der Schüler durch den Einsatz eines WebQuests verstärken lässt, sich ein Thema selbstständig zu erarbeiten und welche Schlussfolgerungen sich daraus für die Lernprozesse der Schüler ergeben. Untersuchungsgegenstand ist somit das Motivationspotenzial eines WebQuests. Zum Zwecke der Evaluation der Schülermotivation werden die Rückmeldung per Zielscheibe[12] nach jeder zweiten Stunde und ein Rückmeldebogen am Ende der WebQuest-Arbeit eingesetzt. Flankiert wird die Evaluation durch Lehrerbeobachtungen.
Ich erwarte, dass sich die Motivation der Schüler durch die Arbeit mit dem WebQuest erkennbar verstärken und über die gesamte Arbeitsphase erhalten lässt. Darüber hinaus gehe ich davon aus, dass sich die gesteigerte Motivation in der Teamarbeit, den Arbeitsergebnissen und den Präsentationen erkennbar niederschlägt.

---

[12] siehe Thüringer Institut für Lehrerfortbildung, Lehrplanentwicklung und Medien (ThILLM).
http://www.eqs.ef.th.schule.de/pages/vorhab_eval/lehren_lernen/pdf/6_lehren_lernen.PDF

2. Unterrichtspraxis

Für die Konzeption dieser computer- und internetbasierten Unterrichtseinheit galt es, im Vorfeld einige Faktoren zu beachten. Insbesondere die gegebenen Voraussetzungen in der Lerngruppe und der Lernumgebung mussten in der Planung berücksichtigt werden. Diese Einflussgrößen sollen im Folgenden daher zunächst näher erläutert werden, bevor dann die Planung des Unterrichts und schließlich ausgewählte Aspekte des Unterrichtsgeschehens vorgestellt werden.

2.1 Bemerkungen zur Lerngruppe und den Lernvoraussetzungen

Seit Beginn des Schuljahres 20112/2012 unterrichte ich die Schüler der Klasse 7c eigenverantwortlich im Fach Physik. Seit Beginn dieses Schuljahres unterrichte ich die Gruppe eigenverantwortlich zwei Wochenstunden im Fach Physik. Bei der Lerngruppe handelt es sich um eine siebte Gemeinschaftsschulklasse mit insgesamt 29 Schülern in der Aufteilung 16 Jungen und 13 Mädchen. Ich habe sie als eine motivierte, lebhafte und in ihrer Leistungsfähigkeit sehr heterogene Klasse kennengelernt. Dies zeigt sich insbesondere in den Phasen des Physikunterrichts, in denen theoretische Inhalte behandelt und von den Schüler bearbeitet werden sollen. Das Vorgehen in Einzelarbeit bringt einige Schüler an ihre Grenzen und führt zu einer deutlich abfallenden Motivationskurve. Andere Schüler hingegen nutzen diese Phasen des Unterrichts, um „abzuschalten" oder sich auszuruhen. Daher werden die Schüler im Physikunterricht im vergangenen halben Jahr zunehmend mit wechselnden, eigenverantwortlichen Arbeitsformen vertraut gemacht. Im Falle der Hausarbeitseinheit wurde das kooperative Arbeiten in Teams bestehenden aus jeweils zwei Schülern gewählt. Die Schüler sind im kooperativen Arbeiten in Teams geübt und mit den dazugehörigen Regeln, zum Beispiel dem Hilfesystem, zwar vertraut, haben im Physikunterricht bisher aber noch nicht mit einem WebQuest gearbeitet. Die Unterrichtsmethode soll nun eingesetzt und geschult werden, um so das selbstorganisierte Arbeiten in Gruppen zu trainieren, die Motivation der Schüler in diesem theoretischen Bereich der Unterrichtseinheit zu steigern und um zunehmend mehr Aufgaben in die Verantwortung der Schüler zu übertragen. Insgesamt haben die Schüler in den bisherigen Stunden dieser Unterrichtseinheit ein gutes soziales Miteinander gezeigt, was zu einer sehr angenehmen Lernatmosphäre führt.

Die Schüler dieser Klasse sind aus Freizeit und Unterricht soweit mit den Medien Computer und Internet vertraut, dass sie problemlos mit einem WebQuest arbeiten können. Einige von ihnen haben in diesem Schuljahr einen speziellen Wahlpflichtkurs „Mediengestaltung" belegt. Diese Schüler verfügen über ausreichende Kenntnisse in speziellen Zeichen- und Bildbearbeitungsprogramme („Paint Shop Pro"[13]) und vertiefende Kenntnisse im Erstellen von Präsentationen mit den handelsüblichen Programmen.

Zusätzlich zu den Voraussetzungen in der Lerngruppe mussten die in der Schule zur Verfügung stehenden technischen Möglichkeiten berücksichtigt werden. Glücklicherweise verfügt meine Ausbildungsschule über einen gerade neu ausgerüsteten PC-Raum mit 15 Computern, die alle über einen Internetanschluss und die notwendigen Programme zum Dokumentieren der Arbeitsergebnisse verfügen. Die nötigen Voraussetzungen für eine solche Unterrichtsreihe waren also gegeben.

2.2 Didaktische und methodische Überlegungen

2.2.1 Eigenständiges Lernen

Auf Grund der bisher durchgeführten Einheiten in dieser Klasse, war es mir sehr wichtig, die Selbstständigkeit der Schüler noch stärker zu fördern, um die Schüler schrittweise zu mehr Eigenverantwortung im Unterricht zu führen und so die Lernmotivation zu steigern.

Einen geeigneten Ansatz hierfür stellt das Konzept des eigenständigen Lernens von Beck dar. Demnach sollen Schüler durch ihre Lernumgebung dazu ermuntert werden, *„sich selbst verschiedener Informationsquellen zu bedienen, eigene Ziele zu setzen und Lösungen zu*

---

[13] Bei den „Paint Shop Pro" – Produkten handelt es sich um Programme der Firma Corel Cooperation. Siehe
http://www.corel.com/corel/product/index.jsp?storeKey=de&pid=prod4130078&trkid=DESEMGglDl#tab1

finden, Aktivitäten selbst zu planen, Entscheidungen zu fällen und zu lernen, die eigenen Lernerfahrungen erfolgreich auszuwerten."[14] Doch dies kann nur durch eine schülergerechte didaktische Aufbereitung der eingesetzten Medien erreicht werden. Aus diesem Grund sollen nun zunächst das Internet in seiner Funktion als Unterrichtsmedium und die Gründe für den Einsatz eines WebQuests näher betrachtet werden, bevor die Überlegungen zur Planung der Unterrichtsreihe vorgestellt werden.

2.2.2 Vor- und Nachteile des Internets als Unterrichtsmedium

Bereits zu Beginn des zweiten Schulhalbjahres habe ich in der 7c eine computer- und internetbasierte Unterrichtsreihe durchgeführt. Ähnlich wie in der hier betrachteten Unterrichtseinheit sollten die Schüler in Gruppen eine Präsentation zu ausgewählten Themen anfertigen. Auffällig war hier, dass ein erheblicher Teil der Klasse stark auf die Hilfe der Lehrkraft zurückgriff oder bei der Internetrecherche orientierungsarm unzählige Seiten aufrief, ohne diese wirklich intensiv durchzuarbeiten. Einige Schüler hielten sich zudem, entgegen der angekündigten Regeln zur Arbeit im PC-Raum, auf nicht themenrelevanten Seiten auf und nutzten die eigenverantwortliche Arbeitszeit immer wieder für Freizeitaktivitäten. Die Ergebnisse dieser Unterrichtsreihe waren entsprechend, was selbst die Schüler in der anschließenden Rückmeldung angaben. Die zuvor vereinbarten Kriterien für Präsentationen wurden nur von wenigen erfüllt. Dennoch wurde deutlich, dass die Schüler grundsätzlich gerne mit PC und Internet arbeiten. Auf die Aussage, dass es ihnen gefallen habe, in Physik einmal anders, also mit dem PC, zu arbeiten, gaben 19 von 24 befragten Schülern an, dass das zutrifft.

Die Interessen und Vorlieben der Schüler in den Unterricht mit einfließen zu lassen, ist grundsätzlich ein wichtiger Schritt auf dem Weg, ihnen mehr Eigenverantwortung für ihr Lernen anzutragen. Der Einsatz neuer Medien, insbesondere von Computer und Internet, erfreut sich zudem als Facette der Methodenvielfalt durchaus großer Beliebtheit.[15]

Doch bevor das Internet Einzug in die Unterrichtsplanung findet, sollten grundsätzlich, wie bei allen anderen Medien auch, Vor- und Nachteile dieses Mediums betrachtet werden, damit didaktische und methodische Fehlerquellen von vornherein minimiert werden können.

Zu den Vorteilen der Internetnutzung im Unterricht gehört zweifelsohne die Tatsache, dass hier eine nahezu unendliche Vielfalt aktueller Informationen bereitsteht. Besonders für Themenbereiche, die von Aktualität und Themenvielfalt leben, ist das Internet den gängigen Schulbüchern durch seinen Informationsgehalt, seinen Gegenwartsbezug, seine motivationsfördernde Wirklichkeitsnähe und die berufliche Relevanz des Internets für das spätere Leben der Lernenden[16] überlegen.[17] Hier ist auch vorteilhaft, dass das Unterrichtsmaterial in digitalisierter Form vorliegt und deswegen schnell weiterverarbeitet werden kann.

Doch schon aus diesen Vorzügen ergeben sich auch Nachteile bzw. Risiken für den Umgang mit dem Internet in der Schule. Die Informationsflut der verfügbaren Daten kann eine Überforderung bedeuten, zudem können Schüler mit unerwünschten, zum Teil jugendgefährdenden Inhalten konfrontiert werden. Außerdem darf nicht außer Acht gelassen werden, dass nicht alle Quellen, die im Internet zur Verfügung stehen, fachlich und sachlich korrekte Informationen enthalten. Vorstellbar wäre zudem, dass der Erwerb von Internetkompetenzen stärker im Mittelpunkt steht, als der der angestrebten Sachkompetenz.[18]

2.2.3 Gründe für den unterrichtlichen Einsatz eines WebQuests und die damit verbundenen Schwierigkeiten

Klare Vorteile der WebQuest-Methode liegen darin, dass sie trotz einer gewissen vorgegebenen Struktur in hohem Maße die Aktivität und Eigenverantwortung der Schüler fördert. In diesem Zusammenhang ist auch die veränderte Lehrerrolle während der WebQuest-Arbeit von Bedeutung: Denn mehr Eigenverantwortung für die Schüler zu erreichen, verlangt auch, dass die Lehrkraft aus ihrer Rolle des „Wissensvermittlers" heraustritt. Dies kann (und soll) wäh-

---

[14] Beck zitiert nach Moser, Heinz: Abenteuer Internet – Lernen mit WebQuests. Auer Verlag GmbH, (2000), S. 45
[15] Moser (2000), S. 9
[16] Vgl. Koch, Hartmut / Neckel, Hartmut: Unterrichten mit Internet & Co. Methodenhandbuch für die Sekundarstufe I und II. (2001), S.32
[17] Vgl. Computer + Unterricht. WEBQUEST Abenteuer, Heft 67, (2007), S.6
[18] vgl. Koch, Hartmut / Neckel, Hartmut (2001), S.46f

rend der Arbeit mit einem WebQuest sehr gut umgesetzt werden, da ein erheblicher Teil der für die Lehrkraft anfallenden Arbeit im Vorweg geleistet wird, sodass die Lehrkraft den Schülern während ihrer eigenständigen Arbeit mit dem WebQuest als Berater zur Verfügung stehen kann. Die Schüler erwerben ihr Wissen selbstständig über die bereitgestellten Informationen des WebQuests. *„Die Rolle des Lehrenden entwickelt sich weg von der des Wissensvermittlers hin zum Coach bzw. Lernbegleiter. Der Lehrende steht nicht mehr im Zentrum der Wissensvermittlung, sondern der Lernende.* "[19]

Der zweite große Vorteil von WebQuests liegt darin, dass sie sich optimieren lassen.[20] Ein WebQuest ist kein starres Gefüge wie beispielsweise ein Arbeitsblatt, sondern kann jederzeit ergänzt oder verbessert werden, was eine ideale Möglichkeit bietet, die Schüler direkt in die Unterrichtsgestaltung mit einzubeziehen oder Materialien und Hilfen zu ergänzen, etwa im Rahmen einer Differenzierung.

Der dritte Vorteil des WebQuests liegt in der ständigen Verfügbarkeit für die Schüler, da auch von zuhause die Inhalte und Aufgaben abgerufen werden können. Dadurch entspricht diese Art des Arbeitens den Belangen der Schüler, die mit ihrem Arbeitspensum in den Teams während der Stunden nicht zurechtkamen und gerne zuhause nachsteuern wollten. Ich hielt diesen Umstand zu Beginn der Einheit für einen nebensächlichen Aspekt, wurde aber während der Arbeit eines Besseren belehrt. Auch darauf gehe ich in der Evaluation näher ein.

Es sollen an dieser Stelle aber auch die Schwierigkeiten beim Einsatz eines WebQuests nicht unerwähnt bleiben. Ich beziehe mich dabei auf die generellen Schwierigkeiten und weniger auf die der Schüler. Beim Einsatz eines WebQuests im Physikunterricht, der an der Käte-Lassen-Schule mit „nur" zwei Stunden pro Woche stattfindet, bedarf es eines hohen Zeitkontingents in der Umsetzung. Bei einer selbstständigen Arbeitszeit von sieben Unterrichtsstunden sind durch Vorbesprechungen und Präsentationen sowie die angemessene Evaluation trotzdem sehr schnell vierzehn Stunden einzuplanen. Das wären sieben Unterrichtswochen. Dieser Tatsache muss man sich vorab bewusst sein. Ich habe diese Zeit bewusst eingesetzt, indem ich mir die Lerngruppe in einigen Stunden anderer Kolleginnen und Kollegen „auslieh". Ein weiterer Aspekt bei der Arbeit mit PCs ist die Verfügbarkeit der Räumlichkeiten. Die KLS[21] verfügt über zwei PC-Räume mit insgesamt 30 PCs. Da die beschriebene Unterrichtseinheit an das Ende des Schuljahres fiel, waren die PC-Räume sehr begehrt unter den Kolleginnen und Kollegen. Es gilt also, frühzeitig für Wochen den notwendigen PC-Raum zu reservieren und die Anfragen, wie man dazu käme, auszuhalten. Ein letzter wichtiger Aspekt, der vorab zu bedenken ist, sind die unterschiedlichen Textverarbeitungs- und Präsentationsprogramme. Während die Schulrechner im ersten PC-Raum über Open-Source-Programme[22] verfügen, arbeiten die meisten Schüler zu Hause mit Produkten der Firma Microsoft. Diese Unterschiedlichkeit führt nicht selten zu Problemen, gerade in der Phase der Präsentationsvorbereitung. Die Schüler sollten daher vorab auf diesen Umstand hingewiesen und ihnen Lösungsmöglichkeiten aufgezeigt werden.

Bei der Betrachtung der Chancen und Schwierigkeiten durch und mit dem Einsatz des WebQuests sollte daher zum Ende jeder Einheit mit einem WebQuest die Frage nach der Relation von Nutzen und Aufwand gestellt werden. Eben diese werde ich in der Evaluation ebenfalls behandeln.

2.2.4 Die Planung der Unterrichtseinheit

Bei der Wahl eines geeigneten, lehrplanbezogenen Unterrichtsinhaltes, der durch die Arbeit mit einem WebQuest erschlossen werden sollte, entschied ich mich für das Thema „Licht fällt auf Körper" und im Speziellen für den Bereich „Reflexion und Absorption". Bei diesem Themenbereich handelt es sich um Themen mit direkten Bezugsmöglichkeiten zur Lebenswelt der Schüler, die aber nicht durchgehend experimentell darzustellen sind. Dementsprechend besteht ein Bedarf an anderweitig medialer Aufbereitung, um das Schülerinteresse und damit

---

[19] Gerber, S. www.webQuests.de
[20] Computer + Unterricht. WEBQUEST Abenteuer, Heft 67, (2007), .S. 36
[21] Käte-Lassen-Schule Flensburg
[22] Stellvertretend sei hier das häufigste Produkt erwähnt: „Open Office" der Firma Oracle.

die Motivation und den Lernerfolg zu begünstigen. Zudem bietet das Internet ein großes Repertoire an geeigneten medialen Inhalten, die in der „analogen" Verwendung oft nur im Klassenverband als Ganzes Verwendung finden. Da unser PC-Raum an der KLS über 15 Rechner verfügt, entschied ich mich, die Schüler in Teams zu je zwei Personen einzuteilen. Dies ermöglichte den Schülern eine intensivere Auseinandersetzung mit den Inhalten. Gleichzeitig entschied ich mich auf Grund der Vorerfahrungen mit der internetbasierten Arbeit in dieser Lerngruppe dafür, einen umfangreichen Quellenpool durch das WebQuest zur Verfügung zu stellen und weitere Quellen nur auf Anfrage zuzulassen. Hierdurch wollte ich verhindern, dass die Schüler zu viel Zeit für die eigene Suche von Informationsquellen verwenden, denn *„WebQuests werden geplant, um die Zeit der Lernenden gut zu nutzen, den Akzent auf die Nutzung der Information und nicht auf die Suche nach ihnen zu legen (...)."*[23] Außerdem schien mir dies eine geeignete Möglichkeit, die freizeitliche Nutzung der eigenständigen Arbeitszeit zu unterbinden, da die Verwendung anderweitiger Quellen zunächst „angemeldet" werden musste. Um die Strukturierung der Arbeitsprozesse durch das WebQuest zusätzlich zu unterstützen, plante ich für die WebQuest-Stunden eine spezielle Einteilung der Unterrichtsphasen, der es den Schülern erleichtern sollte, ihre selbstständige Arbeit gezielt zu planen und zu reflektieren. Denn *„Lernen lernt man, indem man seinen Lernweg plant und sowohl über seine individuellen Leistungen als auch über den Verlauf und die Ergebnisse des Gruppenprozesses reflektiert."*[24] Hierzu sollten die Schüler jede Stunde in ihren Teams mit einer kurzen, fünfminütigen Phase der Planung beginnen und gemeinsame Ziele für die Stunde festlegen. Auf diese Weise wollte ich gewährleisten, dass die Teams einen Überblick darüber behalten, ob ihr Zeitmanagement funktioniert. Am Ende der Stunde sollten die Schüler dann die Möglichkeit haben, ihr Vorankommen und ihre Arbeitseinteilung zu überdenken, indem sie sich in einer kurzen Reflexionsrunde vor Augen führten, ob sie ihre Stundenziele erreicht hatten. Da die Schüler mit einer derartigen Reflexion der eigenen Lernprozesse noch nicht vertraut waren, gab ich ihnen als Formulierungshilfen folgende Satzanfänge vor: *„Wir haben unser Stundenziel (nicht) erreicht, denn..."* und *„Wir haben noch Schwierigkeiten bei..."*. Die Schüler gaben sich gegenseitig Rückmeldung bei ihren Reflexionen. Diese Kultur der Rückmeldung und Reflexion wurde ebenfalls bei den Präsentationen der ausgewählten Aufgaben fortgeführt.

2.2.5 Die Konzeption des WebQuests „Reflexion und Absorption"

Ausgehend von den didaktischen Überlegungen, die im Lehrplan Physik und in den Bildungsstandards verankert sind, wird unter anderem die Bedeutung der Sach- und Methodenkompetenz für die Schüler deutlich. Das Erlangen und Erweitern einer Sachkompetenz ist dabei maßgeblich abhängig von der Qualität des methodischen Konzepts. Im Folgenden beschreibe ich daher, welche Grundsteine ich gelegt habe, um den Schüler eine Kompetenzerweiterung im Fachwissen zu ermöglichen. Den Orientierungsrahmen bilden die sechs Teilschritte eines WebQuests nach Gerber, Moser und Staiger.[25]

A - Hinführung: *„Wesentlich ist für die didaktische Vorbereitung, dass das gewählte Thema auf möglichst anschauliche Art und Weise eingeführt wird."*[26] Daher wurden zum Einstieg zwei kurze Filmausschnitte zu den Themen „Toter Winkel"[27] und „Dunkler Kleidung"[28] im Straßenverkehr gezeigt. Beide Filme regten die Schüler zu intensiven Diskussionen an. Schließlich gäbe es doch verschiedene Hilfsmittel, wie große Spiegel, Lampen und Reflektoren für Fußgänger und Radfahrer, so die Meinung vieler Schüler. Dieser aktive Einstieg mit einer sehr hohen Schülerbeteiligung leitete nahtlos zu den Aufgaben des WebQuests über.
Um den Schülern gleichzeitig die Möglichkeiten ihrer „digitalen" Arbeit aufzuzeigen, stellte ich eine kleine, recht einfache Probeaufgabe für die Schüler bereit. Die Aufgabe ist so angelegt,

---

[23] Moser (2000), S. 26
[24] Computer + Unterricht. WEBQUEST Abenteuer, Heft 67, (2007), S. 9
[25] vgl. Gerber 2001, Moser 2008, S.31-41 und Staiger 2002, S.1-2
[26] Moser, Heinz. Abenteuer Internet – Lernen mit WebQuests., (2000), S. 37
[27] Was ist ein Toter Winkel? http://www49.jimdo.com/app/se91c41cfb39a0612/peb3fa6d5c3cb5a3c/
[28] Gefahr durch dunkle Kleidung: http://www.nwzonline.de/Video/Schulweg-Gefahr-durch-dunkle-Kleidung_711977115001.html

dass die Schüler zur Lösung eine Skizze anfertigen sollen. Dieses Vorgehen der zeichnerischen Lösung wurde auch in den weiteren Aufgaben des WebQuests häufig verlangt und konnte so in den Fokus genommen werden. Sie hatten die Möglichkeit, die Skizze direkt auf dem PC anzufertigen oder wie gewohnt „analog" auf dem Papier. Zudem machte sie die Arbeit an der Probeaufgabe bereits mit den auf der Website hinterlegten Hilfen vertraut. Kleine Denkanstöße und -hinweise sind ihnen grundsätzlich aus der Arbeit mit einem Lernbuffet vertraut, sollten aber dennoch wiederholend eingeführt werden.

B - Aufgaben: *„Es werden zum Thema konkrete Aufgaben formuliert; diese sind zu lösen, um das Ziel des „Abenteuers WebQuest" zu erreichen."*[29]
Die Schüler erhielten auf der Webside <u>optik-kaete.jimdo.com</u> insgesamt vier Aufgaben mit 13 unterschiedlich umfangreichen Teilaufgaben, die nach folgenden Gesichtspunkten aufgebaut wurden:

- Die Aufgaben 1 und 2 sind klar dem Bereich Reflexion, die Aufgaben 3 und 4 weitestgehend dem Bereich Absorption zugeordnet.
- Als "fünfte" Aufgabe gibt es eine Zusatzaufgabe, die sich entgegen der Ausrichtung der ersten vier Aufgaben nicht dem Verkehrssicherheitsapsekt zuordnen lässt. Sie sollte lediglich das Blickfeld des Themenbereichs Reflexion und Absorption erweitern und durfte daher erst nach Beendigung aller vier „Pflichtaufgaben" bearbeitet werden.
- Die Schüler sollten mindestens drei Aufgaben bearbeiten, wobei die Reihenfolge der Bearbeitung den Schülern selbst überlassen war. Die Aufgaben standen deshalb in keiner direkten Abhängigkeit zueinander, was sich auch in den aufgabenübergreifenden Hilfen widerspiegelt.
- Am Ende der Arbeitsphase stellten die Teams in einer selbstentworfenen Präsentation einer dieser Aufgaben für die Gesamtgruppe dar. Die Auswahl der zu präsentierenden Aufgabe nahmen die einzelnen Teams ihren Stärken und Vorlieben entsprechend selbst vor.
- Alle Aufgaben waren aufgrund datenrechtlicher Vorschriften mit dem Schülerpasswort „KLS2012" zugänglich.
- Die Teilaufgaben waren unterschiedlichen Schwierigkeitsstufen untergeordnet, jedoch nicht in Leistungsniveaus differenziert. Die Differenzierung erfolgte vielmehr durch die Zusammensetzung der Teams und die Hilfen.
- Den unterschiedlichen Lerntypen wurde dabei sowohl in den Aufgaben als auch in den Hilfen entsprochen, indem die verschiedenen Zugänge (Lernkanäle) des visuellen, auditiven und kommunikativen Lernens (Schrift, Bild, und Ton in Anwendung) und auch des haptisch-motorischen Lernens (Experimente) angesprochen wurden.

C - Quellen: *„Zu jedem Arbeitsauftrag sind eine Anzahl von Quellen anzugeben, welche helfen, die Aufgabe(n) zu lösen."*[30] Insgesamt sollen die Quellen möglichst ergiebig und zuverlässig sein. Ich entschied mich dafür, sowohl Internetquellen als auch Literatur zur Verfügung zu stellen. Auf Anfrage der Schüler wurden weitere Quellen in das Register des WebQuest aufgenommen. Ich entschied mich deshalb dafür, die Chancen des webbasierten Arbeitens auszunutzen und legte den Fokus auf Bild- und Filmmaterial, da gerade diese Art des Materials in klassischen Lernbuffets bisher eher eine untergeordnete Rolle spielte. Ein weiterer Grund für die Auswahl der genannten Quellen liegt in den vorgeschalteten Stunden, in denen ausführlich und durch geeignete Experimente und Sachtexte die Grundlagen für die Anwendungsaufgaben gelegt wurden und den Schüler ein weiterer Zugang zum Thema gegeben werden sollte.

---

[29] Moser 2008, S. 33
[30] Moser 2000, S. 41

D - Lehrer als Coach: *„Bei offenen Lernprozessen ist die Beratung durch Lehrkräfte zentral. Als Coach helfen sie dort weiter, wo Lernschwierigkeiten und Blockierungen auftreten bzw. wo die Schüler/innen Mühen haben, ihr Material zu strukturieren.“*[31] Ich agierte somit als Lernberater, woraus folgte, dass ich mich aus dem Unterricht bewusst zurückzog und den inhaltlichen und methodischen Rahmen des WebQuests adressatengerecht organisierte. Um diese Rolle vollständig zu gewährleisten, wurden die Schüler an das bekannte Helfersystem erinnert. Das bedeutet, dass bei Problemen zunächst die gegebenen Hilfen in Anspruch genommen werden, anschließend die Teams befragt werden sollen, die die Aufgabe bereits bearbeitet haben und erst danach der Lehrer zu Rate gezogen werden darf.

E - Präsentation: In diesem Schritt erhielten die Schüler noch einen gesonderten Überblick über die vereinbarten allgemeinen Anforderungen an Präsentationen. Anders als in den Vorgaben zur Arbeit mit WebQuests verbanden sich meine Aufgaben nicht zu einem Gesamtbild, das von den Teams präsentiert werden konnte. Zwar unterlagen alle Aufgaben dem übergeordneten Ziel der Sensibilisierung für die Verkehrssicherheit im Kontext mit den Inhalten des Physikunterrichts, jedoch standen die einzelnen Aufgaben in keinem direkten Kontext zueinander. Dieses war meiner Ansicht nach bei einem WebQuest-Einsatz im Anfangsunterricht Optik in einer 7.Klasse nicht umsetzbar. Ich legte daher bewusst den Schwerpunkt auf andere Aspekte des WebQuests. Die Schüler sollten nicht alle Aufgaben zu einer gesamten Präsentation zusammenfügen, sondern die ausgewählte Aufgabe vorstellen, die sie selbst als besonders gelungen empfanden. Dies gewährleistet meiner Meinung nach ebenfalls den Ansatz der Mitbestimmung durch die Schüler und fördert dadurch eigenverantwortliche Lernprozesse.[32]

F - Evaluation: *„WebQuests sollen einer Evaluation unterzogen werden, um zu beurteilen, wie gut es gelungen ist, die damit verbundenen Ziele zu erreichen.“*[33] Die Entwicklung der Sachkompetenz unter Berücksichtigung der ausgewählten Methode wurde durch die Wissensstandserhebungen zu Beginn und am Ende der Einheit, der Selbsteinschätzungsbögen zum Lernzuwachs der Schüler sowie durch die Präsentationen der Schüler dokumentiert. Die Frage nach der Motivation der Schüler wurde durch die sogenannte Zielscheibe nach jeder zweiten Stunde, den Lehrerbeobachtungen und die Rückmeldebögen zum WebQuest evaluiert. Als Abschluss der WebQuest-Arbeit wurde das Lern- und Arbeitsverhalten durch die Schüler selbst in einem Gespräch reflektiert, wobei das Arbeits- und Lernverhalten in Bezug zur Entwicklung des Lernzuwachses standen. Gleichzeitig diente das Gespräch zum Erfahrungsaustausch in der Arbeit mit der WebQuest-Methode.
Durch die verschiedenen Evaluationsverfahren ist gewährleistet, dass neben den Reflexionsverfahren auch Untersuchungsverfahren zu dieser Arbeit beinhaltet sind. Dabei lassen sich die beiden Arten der Evaluation nicht immer streng trennen, sondern sind vielmehr eng miteinander verwoben. Zur besseren Veranschaulichung sind die Inhalte der Evaluation unter 3.1. in einer Tabelle dargestellt.

2.3 Überblick über die Arbeit am WebQuest innerhalb der Unterrichtseinheit

Aufgrund des begrenzten Rahmens dieser Arbeit soll hier lediglich der Ablauf der Arbeit am WebQuest in Form einer Tabelle dargestellt werden. Die Arbeit am WebQuest wurde eingebunden in die Unterrichtseinheit „Licht fällt auf Körper", die explizit die Reflexion und Absorption vorsieht. Der Arbeit an Anwendungsbeispielen aus dem Alltag war eine Phase des Experimentierens zur Erarbeitung des Reflexionsgesetzes an ebenen, spiegelnden Flächen vorgeschaltet. Ebenfalls bekamen die Schüler die Aufgabe, in verschiedenen Experimenten den Strahlengang des Lichts an Hohl- und Wölbspiegeln nachzuvollziehen und zu beschreiben. Es ging dabei nicht um den Bereich der Bildentstehung, sondern vielmehr um das Aufzeigen der Unterschiede zum Strahlengang an ebenen, reflektierenden Flächen (z.B. Planspiegeln).

---

[31] Moser 2008, S.38
[32] http://methodenpool.uni-koeln.de/mitbestimmung/reflexion_demokratie.html
[33] Moser 2008, S.38

Das Phänomen der Absorption von Licht haben die Schüler ebenfalls an kleinen Experimenten nachvollziehen und beschreiben können. Die Frage „Wo bleibt das Licht?" wurde bereits im Zusammenhang der Energieumwandlung hin zur Wärme behandelt. Der besondere Fokus lag jedoch auf dem Bereich der „Nicht-Reflektion" von Licht. So hatten die Schüler die Möglichkeit, sich das notwendige Basiswissen anzueignen, das für die Bearbeitung der Aufgaben des WebQuests unabdingbar ist. Gleichzeitig dienen die erhaltenen Erfahrungen und Erkenntnisse zu den Bereichen Reflexion und Absorption als Hilfestellungen innerhalb der Arbeit mit dem WebQuest.

Phase	Stunde	Wesentliche Stundeninhalte
Einführung	1.+2.	Einführung in das WebQuest: Möglichkeiten, Abläufe, Regeln und Ziele; Prätest, Fragebogen zur Selbsteinschätzung
Erarbeitung	3.-9.	Selbstständige Arbeit mit dem WebQuest (alle 2 Stunden Rückmeldung durch „Zielscheibe")
	10.	Vorbereitung auf die Präsentation: Wiederholung der Bewertungskriterien
Ergebnis-sicherung	11.-12.	Präsentationen zu ausgewählten Aufgaben
	13.	Ausfüllen des Fragebogens zur Evaluation des WebQuests
	14.	Posttest, Fragebogen zur Selbsteinschätzung, Reflexion zu der WebQuest-Arbeit

Tabelle 1: Übersicht zur Unterrichtseinheit

2.4 Ausgewählte Aspekte des Unterrichtsgeschehens

Die ersten beiden Stunden habe ich bewusst dafür investiert, den Schüler genau zu erklären, was auf sie zukommt, wie mit dem WebQuest gearbeitet wird und welche Regeln dabei gelten. Die sich ergebenen Fragen konnten so ausführlich geklärt werden. Die Schüler konnten sich dadurch deutlich schneller in die anschließende Arbeitsphase einfinden und selbstständig arbeiten.

Ein weiterer wichtiger Aspekt war die gemeinsame Besprechung der Aufgabenstellungen, die im Rahmen bereits vorgegeben waren, da es mir im Angangsunterricht Optik zu anspruchsvoll erschien, die Schüler die Fragen vorab selbst formulieren zu lassen. Dennoch änderten sich die Fragen in einigen Bereichen durch die Einwände und Nachfragen der Schüler. Diese Mitbestimmung der Schüler an der Aufgabenformulierung führte ebenfalls zu einem subjektiv empfundenen Motivationsschub der Schüler, schnell mit der Arbeit am WebQuest zu beginnen.

Flexibilität des WebQuest-Modells: Somit erwies es sich als äußerst nützlich und angebracht, eine gründliche gemeinsame Besprechung des WebQuests und seiner Aufgaben vorzunehmen. Dies zeigte sich besonders während der Sichtung der Teilfragen. Aus den Anmerkungen und Fragen der Schüler ergab es sich, dass die Optimierungsfähigkeit eines WebQuests bereits an dieser Stelle genutzt wurde, indem einige Teilaufgaben zusammengefasst oder umformuliert wurden, noch bevor die eigentliche Arbeitsphase begann.

Eigenständige Arbeitsphase: Nach der ausführlichen gemeinsamen Einführung in das WebQuest zeigten sich die Schüler sehr motiviert, mit der Arbeit zu beginnen. Insbesondere die Aussicht, mit den Medien Computer und Internet zu arbeiten, schien sich positiv auszuwirken. Die Aufgaben in den Teams waren schnell verteilt, und jeder Einzelne hatte ein Ziel vor Augen, an dessen Erreichen er nun arbeiten wollte. Als schwierig gestaltete sich jedoch die Umsetzung der Strukturierungsrituale für die WebQuest-Stunden. Das Ritual des 5-Minuten-Team-Treffens wurde zunächst von den meisten Schülern als „Zeitverschwendung" empfunden. Sie zogen es vor, direkt in die Arbeit am PC einzusteigen und umgingen die gemeinsame Absprachezeit. Dieses Verhalten änderte sich jedoch maßgeblich. Dies lag u.a. daran, dass ich, nachdem ich diesen Missstand realisiert hatte, zunächst konsequent durch Sperren des Internets auf die Wahrnehmung dieser Phase bestand. Bereits in der darauffolgenden Stunde nahmen sich die Schüler auch ohne Maßnahmen meinerseits die fünf Minuten Zeit, ihre Ziele für die Stunde zu vereinbaren. Aus meinen Beobachtungen konnte ich schließen, dass die Schüler nun aus der Notwendigkeit, eine der Aufgaben vorzutragen und dies planen zu müssen, die Zeit für Vereinbarungen aus eigenem Antrieb nutzten. Sehr häufig konnten die Schüler auf Nachfrage während der und nach den Stunden benennen, woran es lag, dass sie ihre Ziele erreicht oder verfehlt hatten. Das Ritual der Reflexionsrunde bezüglich der erreichten Stundenziele verfehlte jedoch bis zum Ende seine Wirkung. Die Schüler waren an zu unterschiedlichen Stellen des WebQuests beschäftigt, um sich gegenseitig Rückmeldungen in Bezug auf die Lernfortschritte zu geben, zumal die eingeplante Zeit in Einzelstunden bei maximal drei Minuten liegen konnte.

Sehr beeindruckt haben mich hingegen die Ausdauer und der Einsatz, mit dem die Schüler während der Stunden, aber auch außerhalb der Schulzeit an dem WebQuest arbeiteten. Es kam nicht mehr vor, dass sie sich im Unterricht mit Freizeitaktivitäten beschäftigten. Vielmehr waren sie ernsthaft in die Arbeit vertieft, stellten sinnvolle und weiterführende Fragen und hielten sich, gerade auch was die Nutzung selbstrecherchierter Quellen angeht, an die Abmachung, diese vorher „genehmigen" zu lassen.

<u>Veränderte Schüler- und Lehrerrolle</u>: Besonders hervorzuheben ist ein weiterer positiver Aspekt, den der Einsatz des WebQuests mit sich brachte. So konnte ich beobachten, dass die Schüler sehr eigenständig arbeiteten. Die Organisation der Arbeitsprozesse fand fast ausschließlich innerhalb der Teams statt, ohne dass ich um Anweisungen gebeten wurde. Ich hatte während dieser Stunden fast durchweg die Möglichkeit, eine Beraterfunktion einzunehmen, während sich die Schüler selbstständig Wissen aneigneten und strukturierten. Die Schüler baten mich nur dann um Rat oder Anregungen, wenn wirklich Bedarf bestand und sie anderweitig keine Hilfe erhielten. Die einzige Ausnahme bildete hierbei jedoch die Einbeziehung neuer Quellen. Besonders der Wunsch, zusätzliche Bilder einbauen zu dürfen, kam häufig auf mich zu. Gerade für die Präsentation war es den Schüler wichtig, dass die „Optik" stimmte. Für meine Unterrichtsstunden habe ich diese Verwendung grundsätzlich ausgeschlossen. Die Schüler kamen diesem Wunsch aber in den nachmittäglichen Arbeitstreffen nach. Diese zusätzliche Arbeit wollte ich dann nicht durch ein Verbot eben dieser Extraquellen bestrafen. Schließlich zeigte sich darin eine hohe Motivation und Arbeitsbereitschaft der Schüler.

Die Zeitreserven, die mir durch die hohe Selbstständigkeit der Schüler gegeben waren, nutzte ich, um die Teamübersicht der bereits bearbeiteten Aufgaben ständig zu aktualisieren und die unzähligen Emails der Schüler zu sichten (Lehrerbeobachtungen). Die stets aktualisierte Teamübersicht führte bei vielen Teams zu einem zusätzlichen Motivationsschub, da sie sich in ihrer Arbeit bestätigt sahen, oder durch das Fragezeichen hinter dem „X" angespornt wurden, die Aufgabe nachzuarbeiten. Innerhalb der Teams kam es nur in einzelnen Ausnahmefällen zu Unstimmigkeiten. Dies lag aber weniger an einer mangelnden Arbeitsmoral, sondern an der hohen Krankheitsrate einiger Schüler.

3. Evaluation und Schlussfolgerungen

3.1 Evaluationsverfahren

Ziel des Einsatzes des WebQuests zum Themenbereich „Reflexion und Absorption" war die Überprüfung der beiden Leitfragen, die die Eignung eines WebQuests zur Erweiterung der Sachkompetenz und zur Stärkung der Schülermotivation im Anfangsunterricht Optik einer 7.Klasse betrafen. Um diese Leitfragen angemessen beantworten zu können, bedurfte es verschiedener Evaluationsverfahren, die im Folgenden tabellarisch dargestellt sind.

Leitfrage	Untersuchungsgegenstand	Evaluationsverfahren
I	Eignung des WebQuest zur Erweiterung der Sachkompetenz	(1) Prä- und Posttest (2) Selbsteinschätzung der Schüler (3) Präsentation und Bewertung durch Schüler und Lehrer
II	Eignung des WebQuest zur Verstärkung und zum Erhalt der Motivation	(4) Zielscheibe als Schülerfeedback (5) Abschlussfeedback der Schüler (6) Lehrerbeobachtungen zum Arbeitsfortschritt und Lernzuwachs

Tabelle 2: Übersicht der Evaluationsverfahren

Entscheidend für die Auswahl dieser Evaluationsverfahren sind eine Mischung aus Objektivität, Reliabilität und Validität. Daher ergänzen beobachtende und diskutable Evaluationsverfahren (3/6) die Angaben, die durch schriftliche Aufzeichnungen erhoben wurden (1/2/4/5).
Im Folgenden sollen die Evaluationsverfahren 1, 4 und 5 näher erläutert werden.

(1) *Die Wissensstandserhebung* zu Beginn und am Ende der Unterrichtseinheit umrahmte die Arbeitsphase. Es wurde ein Wissenszuwachs des Fachwissens, d.h. die Entwicklung einer Sachkompetenz, mit 15 Fragen über das WebQuest Reflexion und Absorption anhand von richtigen Äußerungen überprüft. Jede richtige, wenn auch nicht komplette, Äußerung zählte.

(2) Die Fragebögen zur <u>Selbsteinschätzung der Schüler</u> zu ihrem Fachwissen sind die „subjektive" Begleitung zu der auf möglichst hohe Objektivität angelegten Wissensstandserhebung in Form der Prä- und Posttests. Durch dieses Vorgehen soll neben der reinen Sachkompetenzerweiterung auch evaluiert werden, ob den Schülern ihr Lernzuwachs bewusst geworden ist und wie sie selbst ihre Fortschritte einschätzen. Diesen Aspekt halte ich bei der Beurteilung des WebQuests als Methode des selbstständigen Arbeitens für unerlässlich, denn zu einer derartigen Methode gehört auch die Frage des bewussten Lernens

(4) *Die Zielscheibe* wurde als ständiges Feedbackinstrument der Schüler eingesetzt. Nach jeder zweiten Stunde sollten die Schüler ihre Einschätzung zu acht Aspekten in vier Kategorien abgeben. Die erste Kategorie fragt nach der Methode im Allgemeinen, die zweiten nachdem Vergleich zu anderen, die dritte nach den Auswirkungen und die vierte nach dem Lernzuwachs.

(5) *Der Schülerfeedbackbogen „Rückmeldung zum WebQuest"* wurde am Ende der Unterrichtseinheit durchgeführt. Er umfasste 13 Fragen zum methodischen Konzept des WebQuests, die den entsprechenden anzustrebenden Kompetenzen (vgl. 1.2) zugeordnet waren:
  a. Umgang mit dem methodischen Konzept (Methodenkompetenz)
  b. Selbstständige Arbeitsorganisation (Selbstkompetenz)
  c. Arbeitsform mit dem Partner und der Klasse (Sozialkompetenz)

Zusätzlich gibt der Feedbackbogen Aufschluss über die Zufriedenheit der Schüler mit dem WebQuest, was als abschließende Wertung zur Motivation verstanden werden darf.

Bei der Auswahl der Evaluationsmethoden habe ich bewusst auf den Einsatz eines Kompetenzrasters verzichtet, obwohl es sich sicherlich gut eignet, verschiedene Kompetenzbereiche zu überprüfen und zu beurteilen. Der Grund für den Verzicht liegt in der Auswahl der Lerngruppe für einen WebQuest-Einsatz. Da sich die Gruppe im ersten Jahr ihres Physikunterrichts, im Anfangsunterricht Optik befand und zudem noch mit einer für sie völlig neuen Methode konfrontiert wurde, griff ich bei den Evaluationswerkzeugen auf Schülerbekanntes zurück, um das Maß an Neuem und Unbekanntem im Rahmen zu halten.

Evaluation Leitfrage I (Lernzuwachs)

Der erste Part dient der Untersuchung des Lernzuwachses durch die Arbeit mit dem WebQuest. Der Lernzuwachs wird anhand eines **Prä-Tests** (Messung des Vorwissens zu Beginn der Einheit) und des **Post-Tests** (Messung des Wissens zum Ende der Einheit) ermittelt. Neben diesen beiden identischen Tests zur Überprüfung des tatsächlichen Lernzuwachses findet durch einen weiteren **Fragebogen** eine Überprüfung der Selbsteinschätzung der Schüler statt. Untersucht und evaluiert wird, wie stark die Schüler den Lernzuwachs bewusst wahrnehmen und selbst einschätzen können. Die daraus resultierende Eignung der Methode für die Lerngruppe wird teilweise bereits durch die Untersuchung des **Lernzuwachses** und der Selbsteinschätzung festgestellt, da dieser zeigt, ob die Schüler mit dem WebQuest zurechtkamen. In der Evaluation der Leitfrage II wird jedoch ebenfalls auf die Eignung eingegangen, weshalb die Beurteilung darüber zum Schluss der Evaluation zusammenfassend vorgenommen wird.

Evaluation Leitfrage II (Motivation der Schüler durch die Arbeit mit dem WebQuest)

Die Evaluation von Schülermotivation ist nicht durch eindeutige Tests zu belegen und somit kaum objektiv zu ermitteln. Daher wählte ich eine Erhebung durch die subjektiven Eindrücke der Schüler sowie meine Beobachtungen als Lehrer. Am Ende jeder zweiten Stunde gab es eine **Zielscheibenreflexion**[34], die erstens nach der Methode im Allgemeinen, zweitens nach dem Vergleich zu Anderen und drittens nach ihren Auswirkungen fragt. Alle vier Bereiche lassen deutliche Rückschlüsse auf die Motivation der Schüler zu. Die Zielschiebe ist in Bewertungsstufen eingeteilt, wobei in Absprache mit den Schülern festgelegt wurde, dass man, je weiter man ins Zentrum kommt, umso mehr mit der Aussage einverstanden ist (4 = trifft voll zu, 3 = trifft eher zu, 2 = trifft weniger zu, 1 = trifft gar nicht zu).

Als abschließende Rückmeldung geben die Schüler auf einem schriftlichen **Feedbackbogen**[35] an, wie sie die Arbeit mit dem WebQuest zusammenfassend empfunden haben. Neben der bereits genannten Möglichkeit, die angestrebten Kompetenzen zu überprüfen, lässt auch dieser Feedbackbogen Rückschlüsse auf die Motivation über die Gesamteinheit hinweg zu. Neben den schriftlich fixierten Einschätzungen und Rückmeldungen der Schüler, habe ich in meiner Rolle als Lehrer Beobachtungen zum Lernfortschritt in Form der eingegangenen und gesammelten Emails sowie der Arbeitsfortschritte durch Notizen während der Arbeitsphasen gemacht. In beiden Fällen sind Rückschlüsse auf die Motivation bei der Arbeit zulässig. Diese Kombination aus Evaluationsverfahren ermöglicht eine Evaluation der Leitfrage II.

---

[34] siehe Anhang E: Zielscheibe
[35] siehe Anhang C: Rückmeldung zum WebQuest

3.2 Darstellung und Deutung der Ergebnisse

3.2.1 Darstellung und Interpretation der Ergebnisse in Bezug auf Leitfrage I
Die erste Leitfrage lautet:

Inwiefern ist der Einsatz eines WebQuests im Physikunterricht für Schüler geeignet, Sach-
kompetenz zu erwerben?

Innerhalb der Wissensstandserhebung zeigte die Lerngruppe eine deutliche Entwicklung hinsichtlich ihres physikalischen Fachwissens. Waren vor Beginn der Einheit durchschnittliche 9
von 28 Schülerantworten pro Frage richtig (32%), so haben sich die Schüler nach Unterrichtsdurchführung auf durchschnittlich 23 von 28 richtige Antworten pro Frage (82%) verbessert. Dieser Wissenszuwachs von durchschnittlich 14 richtigen Antworten pro Frage stellt einen deutlichen Lernzuwachs dar. Eine Steigerung auf 100 % richtiger Antworten pro Frage
wäre zwar wünschenswert, ist aber nicht erwartet worden und somit nicht Ziel des Unterrichts
gewesen.

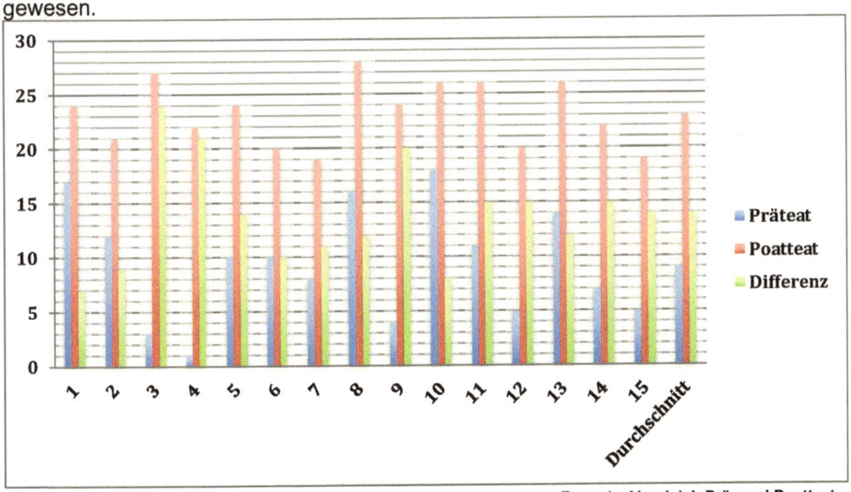

Diagramm 1: Anzahl der richtigen Antworten pro Frage im Vergleich Prä- und Posttest

Die deutlichsten Zuwächse gab es bei den Fragen 3, 4 und 9. Das Höchstmaß der Verbesserung lag dabei bei sehr guten 24 richtigen Antworten für die Frage 3. Neben den anteiligen
Verbesserungen der genannten Aufgaben ist zu erwähnen, dass die Frage 8 am Ende von
allen Schülern richtig beantwortet wurde. Die ge-
ringste Anzahl richtiger Antworten gab es bei den
Fragen 7 und 15, wobei selbst in diesen Fällen der
Anteil der richtigen Antworten bei 68% lag.

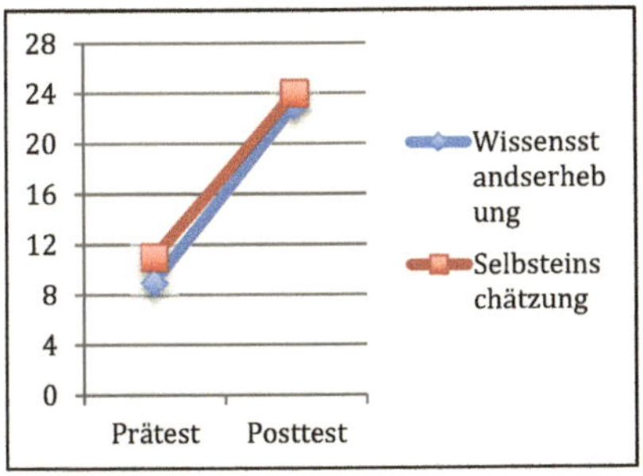

Die Präsentationen der von den Schülern ausgewählten Aufgaben bestätigten diesen Eindruck. Es
fiel jedoch auf, dass die Schüler sich überwiegend
die Aufgaben zum „Toten Winkel" für die Präsentation auswählten, deren zugehörige Fragen des
Posttests keine durchweg besseren Ergebnisse
erhielten.

Durch den Einsatz der begleitenden Fragebögen
zur Selbsteinschätzung der Schüler bezüglich ihres Lernzuwachses[36] lässt sich erkennen, dass die
Schüler nicht nur einen deutlichen Lernzuwachs

Diagramm 2:
Vergleich der Zunahme der korrekten Antworten
in den Tests und den Selbsteinschätzungen

---

[36] s. Diagramm 3 (Selbsteinschätzung der Schüler)

erzielt, sondern diesen auch bewusst wahrgenommen haben und einschätzen können. Bildet man aus allen Selbsteinschätzungen der Schüler den Durchschnitt, so waren ihrer Einschätzung nach zu Beginn durchschnittlich 11 von 28 richtige Antworten pro Frage erzielt worden (39%). Die Einschätzung nach Unterrichtsdurchführung lag bei 24 von 28 richtigen Antworten pro Aufgabe (86%). Beide Einschätzungen liegen nur geringfügig über den tatsächlichen Werten, und der Lernzuwachs deckt sich fast genau mit dem wirklich erzielten. Es soll an dieser Stelle ebenfalls erwähnt werden, dass sich der Wert des tatsächlichen Lernzuwachses mit der Einschätzung über den Lernzuwachs in der Zielscheibenreflexion[37], die nicht explizit als Evaluationsverfahren zu Leitfrage I gedacht war, deckt. Dort gaben am Ende der Arbeitsphase 84% der Schüler an, „viel Neues zum Thema" gelernt zu haben.

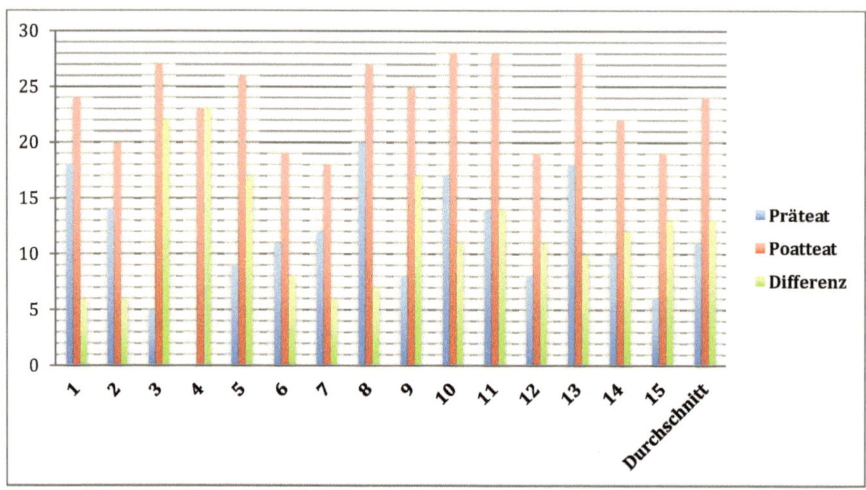

Diagramm 3: Selbsteinschätzung der Schüler zur Anzahl der richtigen Antworten im Vergleich Prä- und Posttest

Die *erste Leitfrage* lässt sich daher wie folgt beantworten: Der Einsatz eines WebQuests im Physikunterricht ist für Schüler geeignet, Sachkompetenz zu erwerben bzw. die bereits vorhandene zu erweitern. Die Eignung zeigt sich insbesondere in der Tatsache, dass die Schüler die Steigerung ihrer Sachkompetenz selbst wahrnehmen und einschätzen können.

3.2.2 Darstellung und Interpretation der Ergebnisse in Bezug auf Leitfrage II
Die zweite Leitfrage lautet:

Inwiefern lässt sich durch den Einsatz eines WebQuests die Motivation der Schüler, sich eigenständig ein Thema zu erarbeiten, verstärken und erhalten?

Von Beginn an erlebte ich in meinen Beobachtungen eine Lerngruppe, die sich auf die Arbeit mit dem WebQuest freute und konzentriert daran arbeitete. Dieser Eindruck wird durch die Auswertung der „Zielscheiben" bestätigt. Als Zustimmung zu den Aussagen werden die Bereiche 3 und 4 eingestuft. Schon bei der ersten Einschätzung gaben 24 von 26 Schülern (92%) an, gerne mit dem WebQuest zu arbeiten. Bei der letzten Befragung waren es dann immer noch 22 von 25 (88%). Dies lässt den Schluss zu, dass die Methode zu einer motivierten Arbeit geführt hat. Maßgeblichen Anteil daran hat, nach Einschätzung der Schüler, das WebQuest selbst. So steigerte sich die Einschätzung mit dem WebQuest gut zurechtzukommen von anfänglich guten 77% (20 von 28 Schülern) auf schlussendlich 96% (24 von 25 Schülern). Weitere Gründe für die Freude an der WebQuest-Arbeit lassen sich im Vergleich

---

[37] siehe Abb. 1 (Zielscheibe) bzw. Anhang E

zu der sonst für Erklärungen theoretischer Inhalte gewählten Methode des vorwiegend lehrerzentrierten Unterrichts bzw. des Unterrichtsgesprächs finden. So erklären anfänglich schon 19 von 26 Schülern (73%), dass sie die, durch das WebQuest gegebene Art des Arbeitens, besser finden, als die Erklärungen durch den Lehrer oder die Besprechung in der Gesamtgruppe. In der letzten Befragung sind es sogar 21 von 25 Schülern (84%). Gleichzeitig schätzen durchgehend über 80% der Schüler die Möglichkeit, durch die Partnerarbeit eher nach ihrem Tempo arbeiten zu können. Diese Aspekte verstärken die Einschätzung des Motivationspotenzials der WebQuest-Arbeit. Bei der Beurteilung der Schülermotivation gilt es zusätzlich zu betrachten, ob sich diese Motivation auf den Lernprozess auswirkt. Dieser Aspekt ist in der Zielscheibenreflexion deutlich nachvollziehbar. Besonders deutlich wird dies bei der einzuschätzenden Aussage *„Ich möchte bei dieser Arbeit am WebQuest besonders gute Ergebnisse abliefern und arbeite gerne und sorgfältig daran mit.“*

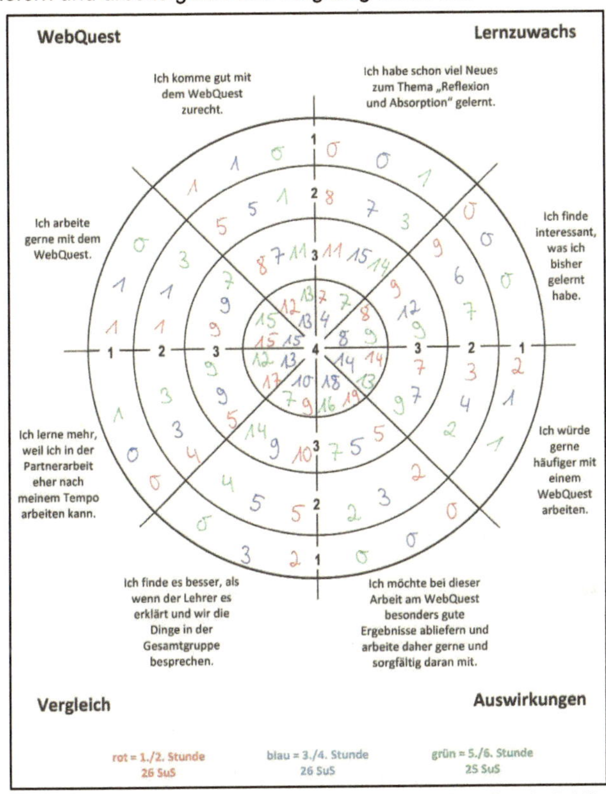

Abb. 1: Zusammenfassung aus 25 bzw. 26 Zielscheiben der Schüler

Sowohl bei der ersten als auch bei der letzten Beurteilung gaben 92% (24 von 26 bzw. 23 von 25 Schülern), dass diese Aussage zutreffe. Untermauert wird dieses Schülerfeedback durch die Lehrerbeobachtungen. So erhielt ich in den dreieinhalb Wochen der Arbeitsphase insgesamt 52 Emails mit Arbeitsergebnissen, die teils korrekt, teils verbesserungswürdig waren, aber stets gewissenhaft ausgearbeitet wurden. Der hohe Motivationsgrad zeigt sich in dem Anteil von 14 Emails, die ich an den Wochenenden erhielt. Hinzu kommt der Umstand, dass nach nur anfänglicher Intervention die Schüler die 5-minütige Phase der Absprache und Zielsetzung einhielten, um die eigenen Ergebnisse zu koordinieren und voranzubringen. Dies darf ebenfalls der gesteigerten Motivation der Schüler, etwas erreichen zu wollen, zugeordnet werden.

Die Aufgaben waren zu kompliziert	0%	8%	68%	24%
Das WebQuest war übersichtlich gestaltet.	52%	48%	0%	0%
Ich habe mindestens 3 Aufgaben geschafft.	64%	20%	8%	12%
Das Arbeiten mit dem WebQuest fiel mir leicht.	36%	56%	8%	0%
Ich möchte gerne erneut mit einem WebQuest arbeiten.	76%	20%	4%	0%
Ich habe zusammen mit dem Partner selbstständig gearbeitet.	72%	28%	0%	0%
Probleme haben wir alleine lösen können.	64%	28%	8%	0%
Ich bin zufrieden mit der Partnerarbeit.	68%	24%	8%	0%
Es gab ausreichend Zeit an den Aufgaben zu arbeiten.	52%	36%	8%	4%
Das WebQuest half mir, die Abläufe der Reflexion und Absorption besser zu verstehen.	40%	48%	12%	0%
Ich war mit unserem Arbeitsergebnissen und der Präsentation zufrieden.	72%	12%	8%	8%
Ich habe für mich neue und interessante Dinge gelernt.	32%	64%	4%	0%

Tabelle 3: Rückmeldebogen zum WebQuest

Die Tatsache, dass die Schüler durch ein WebQuest zu einem so hohen Anteil ein deutliches Interesse an besonders guten Ergebnissen haben, ist nicht nur ein klares Indiz für das hohe Motivationspotenzial eines WebQuests, sondern zeigt, dass dieses Potenzial mit dem Web-Quest „Reflexion und Absorption" genutzt wurde.

Die Auswertung des Abschlussfeedbacks[38] bestätigt die hohe Motivation und die Freude der Schüler an der WebQuest-Arbeit. So melden 96% der Schüler zurück, dass sie gerne erneut mit einem WebQuest arbeiten möchten, 76% bestätigten sogar, dass die Aussage voll zutrifft. Die Auswirkungen dieser gesteigerten Motivation zeigen sich darüber hinaus in den Aussagen zur Zufriedenheit mit den Ergebnissen. Nicht nur, dass 92% der Schüler gute Ergebnisse abliefern wollten, sondern sie waren zu 84% tatsächlich zufrieden mit diesen.[39]

Die *zweite Leitfrage* lässt sich daher wie folgt beantworten: Der Einsatz eines WebQuests verstärkt die Motivation der Schüler deutlich und vermag diese auch bis zum Ende zu erhalten. Diese verstärkte Motivation führt bei den Schülern zu einem starken Wunsch, besonders gute Ergebnisse zu produzieren sowie zu einem hohen Maß an Einsatz, innerhalb und außerhalb des Unterrichts.

Resultierend aus der Beantwortung beider Leitfragen lässt sich als übergeordnetes Ergebnis festhalten, dass sich ein WebQuest besonders gut eignet, die an diese Unterrichtseinheit gestellten Ziele zu erreichen. Die Schüler erhalten eine deutliche Sachkompetenzerweiterung, die parallel einhergeht mit einer sehr hohen Schülermotivation.

---

[38] siehe Tabelle 3 (Rückmeldung zum WebQuest)
[39] siehe Aussage 12 in Tabelle 3

3.3 Schlussfolgerungen im Hinblick auf die Zielvorstellungen und die Beantwortung der Leitfragen

An die Leitfragen dieser Arbeit habe ich unterschiedliche Zielvorstellungen geknüpft (vgl. 1.4). Mit Hilfe der Ergebnisdarstellung lassen sich nun Schlussfolgerungen für meinen weiteren Unterricht ziehen.

Zur **ersten Leitfrage** lässt sich festhalten, dass sich der Untersuchungsgegenstand Sachkompetenz der Schüler mit dem WebQuest zum Thema „Reflexion und Absorption" von durchschnittlich 9 auf 23 richtige Schülerantworten von 28 Möglichen pro Frage steigern ließ. Dies entspricht bei Abschluss der WebQuest-Arbeit im Durchschnitt einem Lernzuwachs auf 82% des möglichen Wissens. Zusätzlich steht als Ergebnis der ersten Leitfrage, dass die Einschätzung der Schüler bezüglich ihres Lernzuwachses nur geringfügig von den tatsächlichen Zuwächsen abweicht. Hier stiegen die richtigen Antworten durchschnittlich von 11 auf 24 von 28 pro Frage. Die **Zielvorstellung zur ersten Leitfrage**, die Sachkompetenz der Schüler zu den Bereichen Reflexion und Absorption im Anfangsunterricht Optik erheblich zu steigern und den Schülern zu ermöglichen, diese bewusst wahrzunehmen und einschätzen zu können, wurde bestätigt. Ebenso konnten durch einzelne Fragen des Prätests Vorkenntnisse in einigen Bereichen festgestellt werden. Abschließend bestätigte sich die Erwartung, dass die Schüler am Ende der Unterrichtseinheit kein hundertprozentiges Wissen zum Thema haben. Fraglich bleibt, ob durch andere Methoden ein höherer als der erzielte Wissensstand machbar wäre.

Die **zweite Leitfrage** hält als Ergebnis fest, dass sowohl zu Beginn als auch am Ende 92% der Schüler bei der Arbeit mit dem WebQuest besonders gute Ergebnisse erreichen wollten. Gleichzeitig wünschten sich 88% am Ende der WebQuest-Arbeit, häufiger mit dieser Methode zu arbeiten. Flankiert wird dieses Ergebnis durch den Eingang von 52 Emails der Schüler, die innerhalb und außerhalb des Unterrichts intensiv an den Aufgaben gearbeitet haben. Die **Zielvorstellung zur zweiten Leitfrage**, die Motivation der Schüler durch den Einsatz des WebQuest zu verstärken und über die Arbeit daran zu erhalten, wurde ebenfalls bestätigt. Nicht geklärt ist dabei die Frage, ob ein WebQuest, stünde es alternativ zu einer Reihe Experimente, die dargestellten Motivationsschübe aufweisen könnte.

Als Schlussfolgerungen aus beiden Ergebnissen und den ersten eigenen Erfahrungen mit dem Einsatz eines WebQuests lassen sich daher mehrere Aussagen für meinen kommenden Unterricht treffen:

- Ich werde das durchgeführte WebQuest „Reflexion und Absorption" definitiv erneut zu Anwendung bringen, um Schülern späterer Klassen ebenfalls eine solche Entwicklung wie der 7c zu ermöglichen. Dazu müsste die Verfügbarkeit der verwendeten Quellen vorab überprüft werden.
- Nach den sehr positiven Erfahrungen werde ich bei zukünftigen WebQuests in der hier vorgestellten Klasse die Mitbestimmung in Bezug auf die Formulierung der Fragen noch stärker fördern, um die Selbstständigkeit der Schüler weiter zu erhöhen.
- Ich werde auch in anderen Themenbereichen der Physik Möglichkeiten suchen, ein WebQuest einzusetzen, um die Sachkompetenz der Schüler zu steigern.
- Ebenso werde ich nach Möglichkeiten suchen, die WebQuest-Arbeit fächerübergreifend zu gestalten. Das bringt gleich mehrere Vorteile: Ein Thema, z.B. die Atom- und Kernphysik, kann inhaltlich breiter aufgestellt werden, wobei sich der zeitliche Aufwand pro Lehrer deutlich verringert. Denkbare Zusammenarbeiten gäbe es mit den Fächern Biologie (Das Auge - Optik), Wirtschaft-Politik (Atom- und Kernphysik), Sport (Mechanik) oder Chemie (Thermodynamik/Wärmelehre).
- In der zukünftigen Arbeit mit einem WebQuest in der hier dargestellten Lerngruppe soll auch der Einsatz eines Kompetenzrasters berücksichtigt werden, welches folgende Vorteile birgt:

- Als Untersuchungsmethode des Lehrers und Reflexionsmethode für die Schüler
  ersetzt ein Kompetenzraster die Wissenstandserhebungen und zugleich das
  Schülerfeedback als eine große Übersicht.
- Als Untersuchungsmethode des Lehrers spiegelt das Kompetenzraster den aktu-
  ellen Stand verschiedener Kompetenzen der Schüler wider.
- Als Reflexionsmethode für die Schüler werden die Kompetenzerwartungen an die
  Lernenden transparent gemacht. Sie können ihre Stärken und Schwächen an-
  hand des Rasters einschätzen und sich selbstständig verbessern[40].
- Eine mögliche Aufgabendifferenzierung orientiert sich an den Anspruchsniveau-
  stufen des Kompetenzrasters.

- Ich möchte bei zukünftigen WebQuests neben dem Hilfesystem ein Kontrollsystem
  etablieren, um so die persönlichen Ressourcen in der Arbeitsphase der Schüler auf
  das Wesentliche zu konzentrieren.

4. Persönliches Fazit

Die Erwartungen, ja beinahe schon Hoffnungen, die ich nach dem Wahlmodul am 21.12.2011
an einen WebQuest-Einsatz verband, waren sehr groß. Naiv dagegen war meine Vorstellung
vom zeitlichen Aufwand einer solchen Einbettung in das laufende Unterrichtsgeschehen.
Nicht selten hatte ich mir die Frage gestellt, ob die ganze Arbeit überhaupt in einer vernünfti-
gen Relation zum Nutzen steht. Denn das einzige Ziel dieser Einheit konnte es ja nicht sein,
egal wie, eine Hausarbeit daraus zu kreieren. Doch das, was sich schon während der Arbeitsphase der Schüler abzeichnete und sich durch die Evaluation bestätigte, überraschte
mich vollkommen. Ich war mir der Tatsache bewusst, eine leistungsstarke Lerngruppe aus-
gewählt zu haben. Doch der Arbeitseifer, mit dem sie die Aufgaben bearbeiteten, die Ergebnisse, die sie noch „aufhübschten", bevor sie diese an mich schickten, waren toll anzusehen.
Die WebQuest-Arbeit stand am Ende eines langen Schuljahres, also in einer Phase, die nor-
malerweise von „Müdigkeit" und dem Wunsch nach Ferien geprägt ist. Und genau in dieser
Phase konfrontierte ich die Schüler mit einer neuen Methode zu eher theoretischen Inhalten.
Doch die Verbindung aus dem beliebten Medium Internet und der Möglichkeit, Physikunterricht einmal anders zu gestalten, schien diesen Umstand vergessen zu machen. Auf dem ab-
schließenden Feedbackbogen hatten die Schüler die Möglichkeit mitzuteilen, was sie noch
loswerden wollten. Folgende Sätze waren dort unter anderem zu lesen: (Rechtschreibung
und Zeichensetzung verbessert)

Danke, dass Sie das mit uns gemacht haben, Herr Domke. Ich arbeite gerne damit.
Mit dem WebQuest zu arbeiten hat großen Spaß gemacht. Ich könnte mir vorstellen es in Zu-
kunft öfter zu machen.
Es war toll, mit dem WebQuest zu arbeiten.

Das sind Sätze, die ich als Physiklehrer nicht erwartet hätte und in meiner kurzen Zeit als sol-
cher auch noch nicht oft gehört habe. Ein WebQuest eignet sich daher nicht nur dazu, die
Motivation der Schüler zu verstärken und zu erhalten, sondern auch meine eigene Motivation
am Ende eines langen Schuljahres nahm schlagartig wieder zu. Unterricht ist dann für beide
Seiten ein Gewinn, wenn Schüler und Lehrer etwas daraus mitnehmen; die Schüler z.B. Wissen, Motivation und tolle Ergebnisse, und ich als Lehrer Motivation, Freude am Beruf und eine Bestätigung für den hohen zeitlichen Aufwand. Diese Einheit bestärkt mich als angehen-
den Lehrer jedenfalls klar darin, häufiger neue Methoden auszuprobieren.

---

[40] vgl. Schönberg

5. Literaturverzeichnis

Literatur:

Bader, Prof. Dr. Hans Joachim, Silke Weiß. Ansätze zur Verbesserung der Medienkompetenz von Chemielehrkräften. Universität Frankfurt/Main. (2007)

Computer + Unterricht. WEBQUEST Abenteuer, Heft 67, (2007)

IQSH: Grundlagen zur Ausbildung. Ausbildungsstandards. Ergänzungen für Fächer und Fachrichtungen, Themen der Module. Erprobungsfassung, Kronshagen (2004)

IQSH (Hrsg.): Der Vorbereitungsdienst in Schleswig-Holstein: Ausbildung, Prüfung. Kronshagen (2011)

Koch, Hartmut / Neckel, Hartmut: Unterrichten mit Internet & Co. Methodenhandbuch für die Sekundarstufe I und II. Cornelsen Lehrbuch (2001)

Ministerium für Bildung und Frauen (Hrsg.). Informationen zum Vorbereitungsdienst für Lehrkräfte in Ausbildung. Kiel: Institut für Qualitätsentwicklung an Schulen Schleswig-Holstein (2008).

Ministerium für Bildung Wissenschaft, Forschung und Kultur des Landes Schleswig-Holstein. Lehrplan Englisch für die Sekundarstufe I der weiterführenden allgemeinbildenden Schulen Hauptschule, Realschule, Gymnasium, Gesamtschule. Kiel (1997).

Moser, Heinz: Abenteuer Internet – Lernen mit WebQuests. Auer Verlag GmbH, Zürich, (2000)

Moser, H. Abenteuer Internet. Lernen mit WebQuests (2.überarbeitete Auflage). Verlag Pestalozzianum an der PH Zürich (2008).

Moser, H. . Einführung in die Medienpädagogik. Aufwachsen im Medienzeitalter. Wiesbaden: VS Verlag für Sozialwissenschaften (2010)

Tapscott, D. Net Kids. Die digitale Generation erobert Wirtschaft und Gesellschaft. Gabler (1998)

Internet:

Gerber, S. (2001). Einführung in die WebQuest-Methode. Überblick für Eilige ;-). Zugriff am 22.07.2010 unter http://www.webquests.de/eilige.html

NWZ online: http://www.nwzonline.de/Video/Schulweg-Gefahr-durch-dunkle-Kleidung_711977115001.html. Letzter Zugriff 4.7.2012

Sendung mit der Maus: Was ist ein „toter Winkel"?:
http://www.youtube.com/watch?v=ycOZQyOoB0Q. Letzter Zugriff 4.7.2012

Schönberg, A.; Kompetenzraster FINE. ppt: IQSH (Hrsg.). http://www.fineonline.de/html/kr-fine.html. Letzter Zugriff am 04.07.2012

Staiger, S. (2002). lehrer-online. WebQuests. http://www.lehrer-online.de/dyn/bin/315303-315330-1-webquests.pdf. Letzter Zugriff am 4.07.2012

Thüringer Institut für Lehrerfortbildung, Lehrplanentwicklung und Medien (ThILLM). http://www.eqs.ef.th.schule.de/pages/vorhab_eval/lehren_lernen/pdf/6_lehren_lernen.PDF. Letzter Zugriff am 4.7.2012

Universität Köln:http://methodenpool.uni-koeln.de/mitbestimmung/reflexion_demokratie.html. Letzter Zugriff am 4.7.2012

6. Anhang

Anhang A

Frage	Prätest (Anzahl der SuS)	Post (Anzahl der SuS)	Differenz
1	17	24	+7
2	12	21	+9
3	3	27	+24
4	1	22	+21
5	10	24	+14
6	10	20	+10
7	8	19	+11
8	16	28	+12
9	4	24	+20
10	18	26	+8
11	11	26	+15
12	5	20	+5
13	14	26	+12
14	7	22	+15
15	5	19	+14
Durchschnitt (gerundet)	9	23	+14

Vergleich der richtigen Antworten im Prä- und Posttest. Ausgangslage sind 28 Schüler

Anhang B

Frage	Prätest	Posttest	Differenz
1	18	24	+6
2	14	20	+6
3	5	27	+22
4	0	23	+23
5	9	26	+17
6	11	19	+8
7	12	18	+6
8	20	27	+7
9	8	25	+17
10	17	28	+11
11	14	28	+14
12	8	19	+11
13	18	28	+10
14	10	22	12
15	6	19	+13
Durchschnitt (gerundet)	11	24	+13

Einschätzungen (richtiger Antworten) der Schüler im Vergleich von Prä- und Posttest

Rückmeldebogen zum WebQuest:

Nr.	Aussage	trifft voll zu	trifft eher zu	trifft weniger zu	trifft gar nicht zu
1	Die Aufgaben waren zu kompliziert				
2	Das WebQuest war übersichtlich gestaltet.				
3	Ich habe mindestens 3 Aufgaben geschafft.				
4	Das Arbeiten mit dem WebQuest fiel mir leicht.				
5	Ich möchte gerne erneut mit einem WebQuest arbeiten.				
6	Ich habe zusammen mit dem Partner selbstständig gearbeitet.				
7	Probleme haben wir alleine lösen können.				
8	Ich bin zufrieden mit der Partnerarbeit.				
9	Es gab ausreichend Zeit an den Aufgaben zu arbeiten.				
10	Das WebQuest half mir, die Abläufe der Reflexion und Absorption besser zu verstehen.				
11	Ich war mit unserem Arbeitsergebnissen und der Präsentation zufrieden.				
12	Ich habe für mich neue und interessante Dinge gelernt.				
13	Die Aufgaben waren zu kompliziert				

Das möchte ich noch sagen:

____

____

____

Rückmeldung zur Präsentation von: _______________________

1= trifft voll zu, 2= trifft eher zu, 3= trifft weniger zu, 4= trifft gar nicht zu -- Zutreffendes bitte ankreuzen!

Feedback	1	2	3	4
Das Team war gut vorbereitet.				
Das Team hat die Inhalte selbst verstanden.				
Die Präsentation war fachlich korrekt.				
Das Team ist mit Nachfragen sicher umgegangen.				
Das Team hat frei gesprochen.				
Die Präsentation war für das Thema passend.				
Ich habe bei dieser Präsentation etwas gelernt.				
Insgesamt war ich mit der Präsentation zufrieden.				

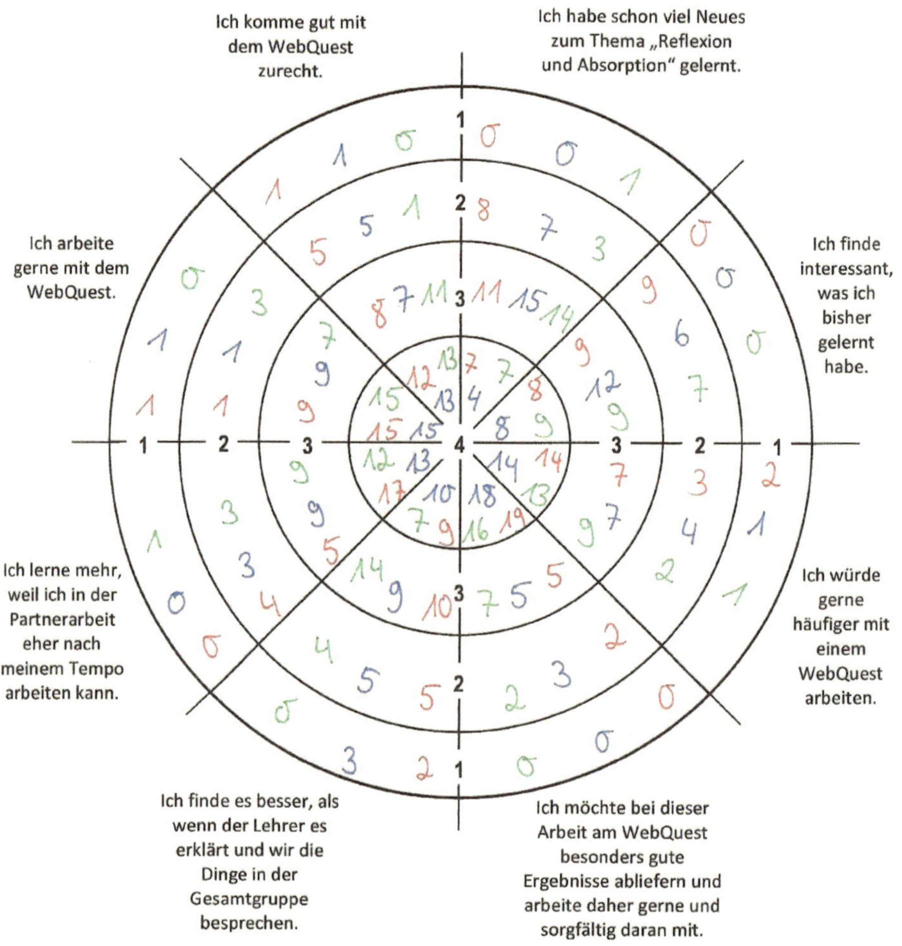

rot = 1./2. Stunde
26 SuS

blau = 3./4. Stunde
26 SuS

grün = 5./6. Stunde
25 SuS

Abb. 1: Zusammenfassung aus 25 bzw. 26 Zielscheiben der Schüler

Eidesstattliche Erklärung

Ich versichere, dass ich die vorliegende Arbeit selbstständig angefertigt, nur die von mir angegebenen Hilfsmittel benutzt und wörtlich oder im Sinne nach den Quellen entnommene Stellen als solche gekennzeichnet habe.

Ich bin mit der Ausleihe meiner Arbeit durch das IQSH <u>nicht</u> einverstanden.

Flensburg, den 07. Juli 2012   Matthias Domke, Lehrer in Ausbildung